爱上阅读主题手账

2024

爱上阅读

王媛 邓咏秋 编

签 名：

联系方式：

启用日期：

国家图书馆出版社

图书在版编目（CIP）数据

爱上阅读主题手账 / 王嫒，邓咏秋编 . —北京：国家图书馆出版社，2023.10

ISBN 978-7-5013-7907-1

Ⅰ . ①爱… Ⅱ . ①王… ②邓… Ⅲ . ①本册 Ⅳ . ① TS951.5

中国国家版本馆 CIP 数据核字（2023）第 186675 号

书　　名	爱上阅读主题手账
著　　者	王嫒　邓咏秋　编
特约策划	王嫒
责任编辑	邓咏秋　张晴池
封面设计	云水文化
出版发行	国家图书馆出版社（北京市西城区文津街 7 号 100034）
	（原书目文献出版社　北京图书馆出版社）
	010-66114536　63802249　nlcpress@nlc.cn（邮购）
网　　址	http://www.nlcpress.com
印　　装	河北迅捷佳彩印刷有限公司
版次印次	2023 年 10 月第 1 版　2023 年 10 月第 1 次印刷
开　　本	787×1092　1/32
印　　张	6.5
书　　号	ISBN 978-7-5013-7907-1
定　　价	56.00 元

阅读让人生更美好。

来图书馆，爱上阅读。

目　录

JANUARY 一月

一	二	三	四	五	六	日
1 元旦	2 廿一	3 廿二	4 廿三	5 廿四	6 小寒	7 廿六
8 廿七	9 廿八	10 廿九	11 十二月	12 初二	13 初三	14 初四
15 初五	16 初六	17 初七	18 腊八节	19 初九	20 大寒	21 十一
22 十二	23 十三	24 十四	25 十五	26 十六	27 十七	28 十八
29 十九	30 二十	31 廿一				

FEBRUARY 二月

一	二	三	四	五	六	日
			1 廿二	2 廿三	3 廿四	4 立春
5 廿六	6 廿七	7 廿八	8 廿九	9 除夕	10 春节	11 初二
12 初三	13 初四	14 情人节	15 初六	16 初七	17 初八	18 初九
19 雨水	20 十一	21 十二	22 十三	23 十四	24 元宵节	25 十六
26 十七	27 十八	28 十九	29 二十			

MARCH 三月

一	二	三	四	五	六	日
				1 廿一	2 廿二	3 廿三
4 廿四	5 惊蛰	6 廿六	7 廿七	8 妇女节	9 廿九	10 二月
11 初二	12 植树节	13 初四	14 初五	15 初六	16 初七	17 初八
18 初九	19 初十	20 春分	21 十二	22 十三	23 十四	24 十五
25 十六	26 十七	27 十八	28 十九	29 二十	30 廿一	31 廿二

APRIL 四月

一	二	三	四	五	六	日
1 愚人节	2 廿四	3 廿五	4 清明节	5 廿七	6 廿八	7 廿九
8 三十	9 三月	10 初二	11 初三	12 初四	13 初五	14 初六
15 初七	16 初八	17 初九	18 初十	19 谷雨	20 十二	21 十三
22 十四	23 十五	24 十六	25 十七	26 十八	27 十九	28 二十
29 廿一	30 廿二					

MAY 五月

一	二	三	四	五	六	日
		1 劳动节	2 廿四	3 廿五	4 青年节	5 立夏
6 廿八	7 廿九	8 四月	9 初二	10 初三	11 初四	12 母亲节
13 初六	14 初七	15 初八	16 初九	17 初十	18 十一	19 十二
20 小满	21 十四	22 十五	23 十六	24 十七	25 十八	26 十九
27 二十	28 廿一	29 廿二	30 廿三	31 廿四		

JUNE 六月

一	二	三	四	五	六	日
					1 儿童节	2 廿六
3 廿七	4 廿八	5 芒种	6 五月	7 初二	8 初三	9 初四
10 端午节	11 初六	12 初七	13 初八	14 初九	15 初十	16 父亲节
17 十二	18 十三	19 十四	20 十五	21 夏至	22 十七	23 十八
24 十九	25 二十	26 廿一	27 廿二	28 廿三	29 廿四	30 廿五

JULY　　　　　七月

一	二	三	四	五	六	日
1 建党节	2 廿七	3 廿八	4 廿九	5 三十	6 小暑	7 初二
8 初三	9 初四	10 初五	11 初六	12 初七	13 初八	14 初九
15 初十	16 十一	17 十二	18 十三	19 十四	20 十五	21 十六
22 大暑	23 十八	24 十九	25 二十	26 廿一	27 廿二	28 廿三
29 廿四	30 廿五	31 廿六				

AUGUST　　　　　八月

一	二	三	四	五	六	日
		1 建军节	2 廿八	3 廿九	4 七月
5 初二	6 初三	7 立秋	8 初五	9 初六	10 七夕节	11 初八
12 初九	13 初十	14 十一	15 十二	16 十三	17 十四	18 十五
19 十六	20 十七	21 十八	22 处暑	23 二十	24 廿一	25 廿二
26 廿三	27 廿四	28 廿五	29 廿六	30 廿七	31 廿八	

SEPTEMBER　　　　　九月

一	二	三	四	五	六	日
						1 廿九
2 三十	3 八月	4 初二	5 初三	6 初四	7 白露	8 初六
9 初七	10 教师节	11 初九	12 初十	13 十一	14 十二	15 十三
16 十四	17 中秋节	18 十六	19 十七	20 十八	21 十九	22 秋分
23 廿一	24 廿二	25 廿三	26 廿四	27 廿五	28 廿六	29 廿七
30 廿八						

OCTOBER　　　　　十月

一	二	三	四	五	六	日
1 国庆节	2 三十	3 九月	4 初二	5 初三	6 初四
7 初五	8 寒露	9 初七	10 初八	11 重阳节	12 初十	13 十一
14 十二	15 十三	16 十四	17 十五	18 十六	19 十七	20 十八
21 十九	22 二十	23 霜降	24 廿二	25 廿三	26 廿四	27 廿五
28 廿六	29 廿七	30 廿八	31 廿九			

NOVEMBER　　　　　十一月

一	二	三	四	五	六	日
				1 十月	2 初二	3 初三
4 初四	5 初五	6 初六	7 立冬	8 初八	9 初九	10 初十
11 十一	12 十二	13 十三	14 十四	15 十五	16 十六	17 十七
18 十八	19 十九	20 二十	21 廿一	22 小雪	23 廿三	24 廿四
25 廿五	26 廿六	27 廿七	28 廿八	29 廿九	30 三十	

DECEMBER　　　　　十二月

一	二	三	四	五	六	日
						1 十一月
2 初二	3 初三	4 初四	5 初五	6 大雪	7 初七	8 初八
9 初九	10 初十	11 十一	12 十二	13 十三	14 十四	15 十五
16 十六	17 十七	18 十八	19 十九	20 二十	21 廿一	22 冬至
23 廿三	24 廿四	25 圣诞节	26 廿六	27 廿七	28 廿八	29 廿九
30 三十	31 十二月					

MON/ 一	TUE/ 二	WED/ 三
4 廿二	5 廿三	6 廿四
11 廿九	12 三十	13 十一月
18 初六	19 初七	20 初八
25 圣诞节	26 十四	27 十五

THU/ 四	FRI/ 五	SAT/ 六	SUN/ 日
	1 十九	2 二十	3 廿一
大雪	8 廿六	9 廿七	10 廿八
	15 初三	16 初四	17 初五
	22 冬至	23 十一	24 十二
	29 十七	30 十八	31 十九

仕女图

传〔五代南唐〕周文矩（生卒年不详）绘

壹 月

20 24

MON/ 一	TUE/ 二	WED/ 三
1 元旦	2 廿一	3 廿二
8 廿七	9 廿八	10 廿九
15 初五	16 初六	17 初七
22 十二	23 十三	24 十四
29 十九	30 二十	31 廿一

THU/四	FRI/五	SAT/六	SUN/日
三	5 廿四	6 小寒	7 廿六
	12 初二	13 初三	14 初四
方	19 初九	20 大寒	21 十一
	26 十六	27 十七	28 十八

星期一

1
二 十   元旦

星期二

2
廿 一

星期三

3
廿 二

星期四

4
廿 三

星期五

5
廿 四

星期六

6
廿 五   小寒

星期日

7
廿 六

古今来许多世家，无非积德；天地间第一人品，还是读书。

——〔清〕金缨编：《格言联璧》，北京：中华书局，《增广贤文·格言联璧》合刊本，2020 年，35 页

星期一
8
廿 七

星期二
9
廿 八

星期三
10
廿 九

星期四
11
腊 月

星期五
12
初 二

星期六
13
初 三

星期日
14
初 四

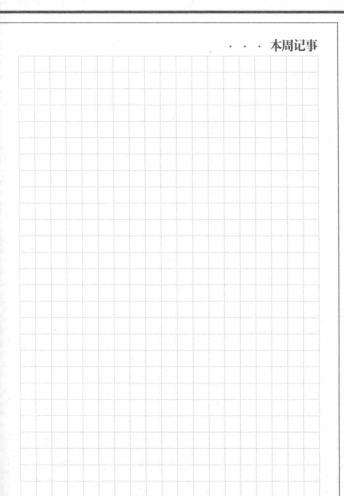

读未见书，如得良友；见已读书，如逢故人。

——〔明〕陈继儒《读书十六观·序》，收入《陈眉公集》，见：《续修四库全书》集部第 1380 册，209 页

星期一
15
初 五

星期二
16
初 六

星期三
17
初 七

星期四
18
初 八　　　　　　　　　　　　　　　　　腊八节

星期五
19
初 九

星期六
20
初 十　　　　　　　　　　　　　　　　　大寒

星期日
21
十 一

鱼离水则鳞枯，心离书则神索。

——〔清〕金缨编：《格言联璧》，北京：中华书局，《增广贤文·格言联璧》合刊本，2020年，45页

壹月 第四周   JAN 2024

星期一
22
十 二

星期二
23
十 三

星期三
24
十 四

星期四
25
十 五

星期五
26
十 六

星期六
27
十 七

星期日
28
十 八

一时劝人以口，百世劝人以书。

——〔清〕金缨编：《格言联璧》，北京：中华书局，《增广贤文·格言联璧》合刊本，2020 年，166 页

莎士比亚在阅读（Shakespeare Reading）
〔美〕威廉·佩奇（William Page，1811—1885）

MON/ 一	TUE/ 二	WED/ 三
5 廿六	6 廿七	7 廿八
12 初三	13 初四	14 情人节 LOVE
19 雨水	20 十一	21 十二
26 十七	27 十八	28 十九

THU/四	FRI/五	SAT/六	SUN/日
	2 廿三	3 廿四	4 立春
	9 除夕 福	10 春节 金龙贺岁	11 初二
	16 初七	17 初八	18 初九
	23 十四	24 元宵节	25 十六

壹月 / 貳月 第五周

星期一
29
十 九

星期二
30
二 十

星期三
31
廿 一

星期四
1
廿 二

星期五
2
廿 三

星期六
3
廿 四

星期日
4
廿 五

立春

但行好事，莫问前程。

——《增广贤文》，北京：中华书局，《增广贤文·格言联璧》合刊本，2020年，25页

注：源自〔五代〕冯道的五言律诗《天道》中的"但知行好事，莫要问前程"。

貳月 第六周

星期一
5
廿 六

星期二
6
廿 七

星期三
7
廿 八

星期四
8
廿 九

星期五
9
三 十 | 除夕

星期六
10
正 月 | 春节

星期日
11
初 二

爆竹声中一岁除，春风送暖入屠苏。
千门万户曈曈日，总把新桃换旧符。

——〔宋〕王安石：《元日》，见：《千家诗》，张立敏编注，北京：
中华书局，2016 年，8 页
注：元日指农历正月初一，是我国最为隆重的传统节日。诗中描绘
了当时欢庆新年的习俗：放爆竹、换桃符、饮屠苏酒。

星期一
12
初 三

星期二
13
初 四

星期三
14
初 五　　　　　　　　　　　　　　　　　　　情人节

星期四
15
初 六

星期五
16
初 七

星期六
17
初 八

星期日
18
初 九

书籍——当代真正的大学。

——〔英〕托马斯·卡莱尔：《论历史上的英雄、英雄崇拜和英雄业绩》
（*On Heroes, Hero Worship and the Heroic in History*），见该书英文版，
美国伯克利：加州大学出版社，1993 年，140 页

星期一
19
初 十   雨水

星期二
20
十 一

星期三
21
十 二

星期四
22
十 三

星期五
23
十 四

星期六
24
十 五   元宵节

星期日
25
十 六

丈夫拥书万卷，何假南面百城。

—— 语出北魏逸士李谧，见：〔北齐〕魏收：《魏书·卷九十·逸士·李谧传》，北京：中华书局，1974 年，第 6 册，1938 页

陋室铭图

〔清〕黄应谌（生卒年不详）

本图绘于康熙六年（1667）。

MON/ 一	TUE/ 二	WED/ 三
4 廿四	5 惊蛰	6 廿六
11 初二	12 植树节	13 初四
18 初九	19 初十	20 春分
25 十六	26 十七	27 十八

THU/四	FRI/五	SAT/六	SUN/日
	1 廿一	2 廿二	3 廿三
	8 妇女节	9 廿九	10 二月
	15 初六	16 初七	17 初八
	22 十三	23 十四	24 十五
	29 二十	30 廿一	31 廿二

星期一
26
十 七

星期二
27
十 八

星期三
28
十 九

星期四
29
二 十

星期五
1
廿 一

星期六
2
廿 二

星期日
3
廿 三

山不在高，有仙则名。水不在深，有龙则灵。斯是陋室，惟吾德馨。苔痕上阶绿，草色入帘青。谈笑有鸿儒，往来无白丁。可以调素琴，阅金经。无丝竹之乱耳，无案牍之劳形。

——〔唐〕刘禹锡：《陋室铭》，见：中华书局编辑部编：《学生必背古诗文208篇》，北京：中华书局，2020年，188页

叁月 第十周

星期一

4

廿 四

星期二

5

廿 五　　　　　　　　　　　　　　　　　　　　　　　　惊蛰

星期三

6

廿 六

星期四

7

廿 七

星期五

8

廿 八　　　　　　　　　　　　　　　　　　　　　　　　妇女节

星期六

9

廿 九

星期日

10

二 月

公共图书馆是开放的思想餐桌，每个人应邀而来，围桌而坐，各自均能找到自我所需的食物；这是一个储藏店铺，一些人存放进来了自己的思想和发现，而另一些人则把它们携入自我成长之中。

—— 俄国作家、哲学家亚历山大·伊万诺维奇·赫尔岑 1837 年 12 月 6 日在维亚特卡公共图书馆开幕式上发表的演讲

星期一
11
初 二

星期二
12
初 三

植树节

星期三
13
初 四

星期四
14
初 五

星期五
15
初 六

星期六
16
初 七

星期日
17
初 八

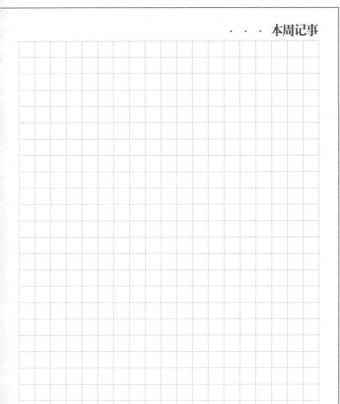

谷歌可以为你找来 10 万条答案，图书馆员可以帮你找来最准确的那个。

—— 美国科幻作家尼尔·盖曼（Neil Gaiman）2010 年 4 月 16 日接受采访时说的话

注：尼尔·盖曼 2010 年被任命为美国全国图书馆周名誉主席。

星期一
18
初 九

星期二
19
初 十

星期三
20
十 一   春分

星期四
21
十 二

星期五
22
十 三

星期六
23
十 四

星期日
24
十 五

这个图书馆给我提供了勤学苦读、不断改进的途径，为此我每天匀出一两个小时；这样便在某种程度上弥补了我父亲一度想让我接受高等教育（却未能如愿）的缺失。读书是我让自己享受的唯一乐趣。我不在酒馆、赌场或任何游乐场合消磨时光。

——〔美〕本杰明·富兰克林：《富兰克林自传》，蒲隆译，南京：译林出版社，2020年，91页

叁月 第十三周 　　　　　　　　　　　　　　MAR 2024

星期一
25
十 六

星期二
26
十 七

星期三
27
十 八

星期四
28
十 九

星期五
29
二 十

星期六
30
廿 一

星期日
31
廿 二

阅读，就是学习别人怎样讲故事，或者观察别人的故事是否讲得高明。我的观察方法是：读了一本书，是否让我学到新东西，是否眼睛一亮，是否有启发，是否增加我的知识，以及作者是否有独立思考，是否有批判精神。

—— 王笛：《历史的微声·自序》，北京：人民文学出版社，2022 年，见"微信读书"该书电子版

在花园阅读的女人（Woman Reading in a Garden）
〔美〕玛丽·卡萨特（Mary Cassatt，1844—1926）

肆 月

20
24

MON/ 一	TUE/ 二	WED/ 三
1 愚人节	2 廿四	3 廿五
8 三十	9 三月	10 初二
15 初七	16 初八	17 初九
22 十四	23 世界读书日	24 十六
29 廿一	30 廿二	

THU/ 四	FRI/ 五	SAT/ 六	SUN/ 日
节 清明	5 廿七	6 廿八	7 廿九
三	12 初四	13 初五	14 初六
	19 谷雨 谷雨	20 十二	21 十三
	26 十八	27 十九	28 二十

星期一

1

廿 三　　　　　　　　　　　　　　　　　　愚人节

星期二

2

廿 四

星期三

3

廿 五

星期四

4

廿 六　　　　　　　　　　　　　　　　　　清明节

星期五

5

廿 七

星期六

6

廿 八

星期日

7

廿 九

我所希望熟读成诵的有两种类，一是最有价值的文学作品，一是有益身心的格言。

—— 语出梁启超，见：钱穆《学籥·近百年来诸儒论读书》，北京：九州出版社，2016 年，141 页

注：籥通钥，"学籥"的意思是治学的钥匙。

肆月 第十五周

星期一
8
三　十

星期二
9
三　月

星期三
10
初　二

星期四
11
初　三

星期五
12
初　四

星期六
13
初　五

星期日
14
初　六

好文学是涵养情趣的工具，做一个民族的分子，总得对于本民族的好文学十分领略，能熟读成诵，才是在我们的下意识里头得着根柢，不知不觉会发酵。

—— 语出梁启超，见：钱穆《学籥·近百年来诸儒论读书》，北京：九州出版社，2016年，141页

星期一
15
初 七

星期二
16
初 八

星期三
17
初 九

星期四
18
初 十

星期五
19
十 一　　　　　　　　　　　　　　　　谷雨

星期六
20
十 二

星期日
21
十 三

有益身心的圣哲格言，一部分久已在我们全社会上形成共同意识，我既做这社会的分子，总要彻底了解他，才不至和共同意识生隔阂。一方面，我们应事接物时候，常常仗他给我们的光明，要平日摩得熟，临时才得着用。

—— 梁启超：《国学要籍研读法四种》，南昌：江西教育出版社，2018年，167页

肆月 第十七周

星期一
22
十 四

星期二
23
十 五

世界读书日

星期三
24
十 六

星期四
25
十 七

星期五
26
十 八

星期六
27
十 九

星期日
28
二 十

米格尔·德·塞万提斯、威廉·莎士比亚和加尔西拉索（秘鲁文学家——编者注）都是于 1616 年 4 月 23 日辞世，大会正式宣布将每年的 4 月 23 日定为"世界读书日"。

—— 联合国教科文组织第 28 次大会决议，1995 年，巴黎

阅读者（The Reader）

［法］让-巴蒂斯特-卡米尔·柯罗

（Jean-Baptiste-Camille Corot，1796—1875）

MON/ 一	TUE/ 二	WED/ 三
		1 劳动节 劳动光荣
6 廿八	7 廿九	8 四月
13 初六	14 初七	15 初八
20 小满	21 十四	22 十五
27 二十	28 廿一	29 廿二

THU/四	FRI/五	SAT/六	SUN/日
四	3 廿五	4 青年节	5 立夏
二	10 初三	11 初四	12 母亲节
九	17 初十	18 十一	19 十二
六	24 十七	25 十八	26 十九
	31 廿四		

肆月 / 伍月 第十八周

星期一
29
廿 一

星期二
30
廿 二

星期三
1
廿 三 | 劳动节 |

星期四
2
廿 四

星期五
3
廿 五

星期六
4
廿 六 | 青年节 |

星期日
5
廿 七 | 立夏 |

要求学问入门，必先懂得读书。

—— 钱穆《学籥·近百年来诸儒论读书》，北京：九州出版社，
2016 年，177 页

伍月 第十九周　　　　　　　　　　　　　　　MAY 2024

星期一
6
廿 八

星期二
7
廿 九

星期三
8
四 月

星期四
9
初 二

星期五
10
初 三

星期六
11
初 四

星期日
12
初 五　　　　　　　　　　　　　　　　　　　母亲节

你或许拥有无限的财富，/一箱箱珠宝与一柜柜的黄金。/但你永远不会比我更富有——/我有一位读书给我听的妈妈。

——［美］斯特里克兰·吉利兰（Strickland Gillillan）的诗《阅读的妈妈》（"The Reading Mother"），https：//poetscollective.org/publicdomain/

星期一
13
初 六

星期二
14
初 七

星期三
15
初 八

星期四
16
初 九

星期五
17
初 十

星期六
18
十 一

星期日
19
十 二

时代愈久，则应读之第一流书转变得愈少。因其经时代之淘汰，从前认为必读的，现在却可不理会。但总有剩下的那些必读书，所谓"不废江河万古流"者，则仍然必读。

—— 钱穆《学籥·近百年来诸儒论读书》，北京：九州出版社，2016 年，177 页

星期一
20
十 三   小满

星期二
21
十 四

星期三
22
十 五

星期四
23
十 六

星期五
24
十 七

星期六
25
十 八

星期日
26
十 九

怎样知道哪些书是值得精读的呢？对于这个问题不必发愁。自古以来，已经有一位最公正的评选家，有许多推荐者向它推荐好书。这个选家就是时间……现在我们所称谓"经典著作"或"古典著作"的书都是经过时间考验，流传下来的。

—— 冯友兰：《我的读书经验》，见：《北大学者谈读书》，北京图书馆出版社，2002 年，42–43 页

九夏安和（册）·读书夏乐

〔清〕刘权之（1739—1818）

《九夏安和》一册，共有九幅画，此为其中一幅。

MON/ 一	TUE/ 二	WED/ 三
3 廿七	**4** 廿八	**5** 芒种
10 端午节	**11** 初六	**12** 初七
17 十二	**18** 十三	**19** 十四
24 十九	**25** 二十	**26** 廿一

THU/四	FRI/五	SAT/六	SUN/日
		1 儿童节	**2** 廿六
	7 初二	**8** 初三	**9** 初四
	14 初九	**15** 初十	**16** 父亲节
	21 夏至	**22** 十七	**23** 十八
	28 廿三	**29** 廿四	**30** 廿五

星期一
27
二 十

星期二
28
廿 一

星期三
29
廿 二

星期四
30
廿 三

星期五
31
廿 四

星期六
1
廿 五　　　　　　　　　　　　　　　　　　　儿童节

星期日
2
廿 六

每一时代，每一部门，总有几部要我们一读的书。今天我们一切搁置不理，……似乎是在说："我虽不读书，也可堂堂地做一学者。而且是一前无古人、后无来者之大学者。"那就无可救药了。

—— 钱穆《学籥·近百年来诸儒论读书》，北京：九州出版社，2016 年，177 页

星期一
3
廿 七

星期二
4
廿 八

星期三
5
廿 九   芒种

星期四
6
五 月

星期五
7
初 二

星期六
8
初 三

星期日
9
初 四

子曰："见贤思齐焉，见不贤而内自省也。"

——《论语·里仁篇第四》，钱逊解读，北京：国家图书馆出版社，2017 年，131 页

星期一

10

初 五   端午节

星期二

11

初 六

星期三

12

初 七

星期四

13

初 八

星期五

14

初 九

星期六

15

初 十

星期日

16

十 一   父亲节

子曰："吾尝终日不食，终夜不寝，以思，无益，不如学也。"

——《论语·卫灵公篇第十五》，钱逊解读，北京：国家图书馆出版社，2017年，371页

星期一
17
十 二

星期二
18
十 三

星期三
19
十 四

星期四
20
十 五

星期五
21
十 六   夏至

星期六
22
十 七

星期日
23
十 八

北冥有鱼，其名为鲲。鲲之大，不知其几千里也；化而为鸟，其名为鹏。鹏之背，不知其几千里也；怒而飞，其翼若垂天之云。

——《庄子·逍遥游》，方勇译注，北京：中华书局，2015年第2版，2页

星期一
24
十 九

星期二
25
二 十

星期三
26
廿 一

星期四
27
廿 二

星期五
28
廿 三

星期六
29
廿 四

星期日
30
廿 五

鹏之徙于南冥也，水击三千里，抟扶摇而上者九万里，去以六月息者也。

——《庄子·逍遥游》，方勇译注，北京：中华书局，2015年第2版，2页

东庄图（册）·耕息轩

〔明〕沈周（1427—1509）

《东庄图》所描绘的是沈周好友吴宽的私家园林东庄，该册原有图24幅，
现存21幅。这是其中一幅。

MON/ 一	TUE/ 二	WED/ 三
1 建党节	2 廿七	3 廿八
8 初三	9 初四	10 初五
15 初十	16 十一	17 十二
22 大暑	23 十八	24 十九
29 廿四	30 廿五	31 廿六

THU/四	FRI/五	SAT/六	SUN/日
九	5 三十	6 小暑	7 初二
	12 初七	13 初八	14 初九
三	19 十四	20 十五	21 十六
十	26 廿一	27 廿二	28 廿三

柒月 第二十七周

星期一

1

廿 六　　　　　　　　　　　　　　　　　　　　建党节

星期二

2

廿 七

星期三

3

廿 八

星期四

4

廿 九

星期五

5

三 十

星期六

6

六 月　　　　　　　　　　　　　　　　　　　　小暑

星期日

7

初 二

大鹏一日同风起，扶摇直上九万里。假令风歇时下来，犹能簸却沧溟水。世人见我恒殊调，闻余大言皆冷笑。宣父犹能畏后生，丈夫未可轻年少。

——〔唐〕李白《上李邕》，见：古诗文网

柒月 第二十八周

星期一
8
初 三

星期二
9
初 四

星期三
10
初 五

星期四
11
初 六

星期五
12
初 七

星期六
13
初 八

星期日
14
初 九

仰天大笑出门去，我辈岂是蓬蒿人。

——［唐］李白《南陵别儿童入京》，见：《李白集》，郁贤皓解读，
北京：国家图书馆出版社，2020年，123页

星期一
15
初 十

星期二
16
十 一

星期三
17
十 二

星期四
18
十 三

星期五
19
十 四

星期六
20
十 五

星期日
21
十 六

千里黄云白日曛，北风吹雁雪纷纷。莫愁前路无知己，天下谁人不
识君。

——〔唐〕高适《别董大》，见：中华书局编辑部编：《学生必背
古诗文208篇》，北京：中华书局，2020年，24页

星期一
22
十 七   大暑

星期二
23
十 八

星期三
24
十 九

星期四
25
二 十

星期五
26
廿 一

星期六
27
廿 二

星期日
28
廿 三

行路难，行路难，多歧路，今安在？
长风破浪会有时，直挂云帆济沧海。

——〔唐〕李白《行路难·其一》，见：《唐诗三百首诵读本》，
北京：中华书局，2019 年，110 页

阅读者（The Reader）

〔法〕爱德华·马奈（Edouard Manet, 1832—1883）

爱德华·马奈所绘的是他的年长的朋友、画家约瑟夫·加尔
（Joseph Gall, 1807—1886）正全神贯注地阅读一本大书。

MON/ 一	TUE/ 二	WED/ 三
5 初二	6 初三	7 立秋
12 初九	13 初十	14 十一
19 十六	20 十七	21 十八
26 廿三	27 廿四	28 廿五

THU/四	FRI/五	SAT/六	SUN/日
节	**2** 廿八	**3** 廿九	**4** 七月
五	**9** 初六	**10** 七夕节	**11** 初八
	16 十三	**17** 十四	**18** 十五
	23 二十	**24** 廿一	**25** 廿二
	30 廿七	**31** 廿八	

柒月 / 捌月 第三十一周

星期一
29
廿 四

星期二
30
廿 五

星期三
31
廿 六

星期四
1
廿 七

建军节

星期五
2
廿 八

星期六
3
廿 九

星期日
4
七 月

我踏进校门后，真有"谈笑有鸿儒，往来无白丁"的感慨。那时是八个人一个寝室，睡上下铺，虽然条件不怎么样，每天课余谈书论道，有了好书好文章，大家互相传阅，……11点全楼关电闸以后，就打手电在被窝里读书。就这样，度过了四年难忘的时光。

—— 王笛：《历史的微声·大学里的读书生活》，北京：人民文学出版社，2022年，见"微信读书"该书电子版

星期一

5

初　二

星期二

6

初　三

星期三

7

初　四　　　　　　　　　　　　　　　　　　立秋

星期四

8

初　五

星期五

9

初　六

星期六

10

初　七　　　　　　　　　　　　　　　　　　七夕节

星期日

11

初　八

迢迢牵牛星，皎皎河汉女。纤纤擢素手，札札弄机杼。终日不成章，
泣涕零如雨。河汉清且浅，相去复几许。盈盈一水间，脉脉不得语。

——《迢迢牵牛星》，《古诗十九首》之一，见：王运熙、邬国平注
译：《古诗一百首》，上海：上海古籍出版社，1997年，68页

星期一
12
初 九

星期二
13
初 十

星期三
14
十 一

星期四
15
十 二

星期五
16
十 三

星期六
17
十 四

星期日
18
十 五

在川大读本科和研究生的时候，经常爱去的一个地方，就是四川大学图书馆后面的那一片两层的老藏书楼，那里是线装书的书库。

—— 王笛：《历史的微声·大学里的读书生活》，北京：人民文学出版社，2022年，见"微信读书"该书电子版

捌月 第三十四周   AUG 2024

星期一
19
十 六

星期二
20
十 七

星期三
21
十 八

星期四
22
十 九   处暑

星期五
23
二 十

星期六
24
廿 一

星期日
25
廿 二

研究的过程，就是一个阅读的过程，……研究需要站在"巨人"的肩膀之上，在前人的研究之上有所发展，而不是闭门造车。

—— 王笛：《历史的微声·开始阅读英文原著》，北京：人民文学出版社，2022 年，见"微信读书"该书电子版

秋林读书图
〔清〕郑旼（1633—1683）

MON/ 一	TUE/ 二	WED/ 三
2 三十	3 八月	4 初二
9 初七	10 教师节	11 初九
16 十四	17 中秋节	18 十六
23 | 30 廿一 | 廿八	24 廿二	25 廿三

THU/四	FRI/五	SAT/六	SUN/日
			1 廿九
三	6 初四	7 白露	8 初六
十	13 十一	14 十二	15 十三
	20 十八	21 十九	22 秋分
	27 廿五	28 廿六	29 廿七

星期一
26
廿 三

___

星期二
27
廿 四

___

星期三
28
廿 五

___

星期四
29
廿 六

___

星期五
30
廿 七

___

星期六
31
廿 八

___

星期日
1
廿 九

___

昔日龌龊不足夸，今朝放荡思无涯。
春风得意马蹄疾，一日看尽长安花。

——〔唐〕孟郊《登科后》，见：蒙曼：《顺着历史学古诗》，北京：
北京联合出版社，2021 年，83 页

星期一
2
三 十

星期二
3
八 月

星期三
4
初 二

星期四
5
初 三

星期五
6
初 四

星期六
7
初 五　　　　　　　　　　　　　　　　　　白露

星期日
8
初 六

孟子曰：人皆知以食愈饥，莫知以学愈愚。

——〔汉〕刘向编：《说苑》，王天海、杨秀岚译注，北京：中华书局，2019年，上册，136页

星期一
9
初 七

星期二
10
初 八   教师节

星期三
11
初 九

星期四
12
初 十

星期五
13
十 一

星期六
14
十 二

星期日
15
十 三

书犹药也，善读之可以医愚。

—— 中国民谚

注：过去讹传此句出自汉刘向《说苑》，不确，系源于《说苑》所引孟子语，后来不断发展演变而成。

玖月 第三十八周

星期一
16
十 四

星期二
17
十 五
中秋节

星期三
18
十 六

星期四
19
十 七

星期五
20
十 八

星期六
21
十 九

星期日
22
二 十
秋分

明月几时有？把酒问青天。不知天上宫阙，今夕是何年？我欲乘风归去，又恐琼楼玉宇，高处不胜寒。起舞弄清影，何似在人间！转朱阁，低绮户，照无眠。不应有恨，何事长向别时圆？人有悲欢离合，月有阴晴圆缺，此事古难全。但愿人长久，千里共婵娟。

——〔宋〕苏轼《水调歌头》，见：中华书局编辑部编：《学生必背古诗文 208 篇》，北京：中华书局，2020 年，126 页

星期一
23
廿 一

星期二
24
廿 二

星期三
25
廿 三

星期四
26
廿 四

星期五
27
廿 五

星期六
28
廿 六

星期日
29
廿 七

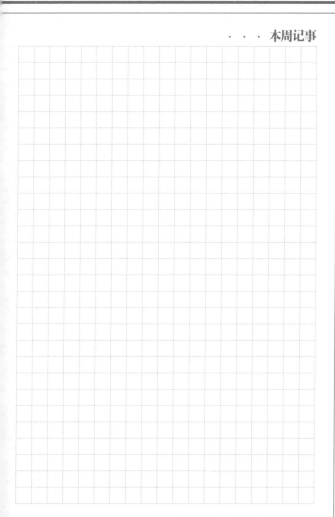

书犹药石仁。

——〔明〕杨廷麟：《兼山诗集·卷一·咏史》，影印清康熙真斋刻本，见：《四库禁毁书丛刊》，北京：北京出版社，1998 年，集部第 165 册，479 页

MON/ 一	TUE/ 二	WED/ 三
	1 国庆节	2 三十
7 初五	8 寒露	9 初七
14 十二	15 十三	16 十四
21 十九	22 二十	23 霜降
28 廿六	29 廿七	30 廿八

THU/四	FRI/五	SAT/六	SUN/日
3 月	4 初二	5 初三	6 初四
0 八	11 重阳节	12 初十	13 十一
7 五	18 十六	19 十七	20 十八
	25 廿三	26 廿四	27 廿五

玖月 / 拾月 第四十周

星期一
30
廿 八

星期二
1
廿 九

国庆节

星期三
2
三 十

星期四
3
九 月

星期五
4
初 二

星期六
5
初 三

星期日
6
初 四

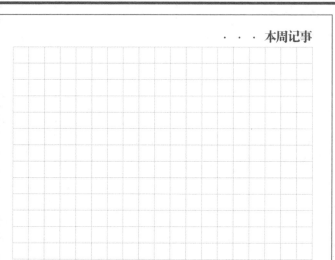

医愚当读十年书。

——〔清〕左锡嘉：《冷吟仙馆诗稿·闲居》，见：李雷主编：《清代闺阁诗集萃编》，北京：中华书局，2015 年，第 8 册，4752 页

星期一

7

初 五

星期二

8

初 六   寒露

星期三

9

初 七

星期四

10

初 八

星期五

11

初 九   重阳节

星期六

12

初 十

星期日

13

十 一

图书馆以其专业性、权威性和独有的丰富资源成为读书活动的一个
主要阵地，也是倡导全民阅读、终身阅读等阅读基本理念的中坚，
是连接群体阅读和个体阅读的桥梁。

—— 王余光：《阅读，与经典同行》，深圳：海天出版社，2013 年，
71 页

拾月 第四十二周   OCT 2024

星期一
14
十 二

星期二
15
十 三

星期三
16
十 四

星期四
17
十 五

星期五
18
十 六

星期六
19
十 七

星期日
20
十 八

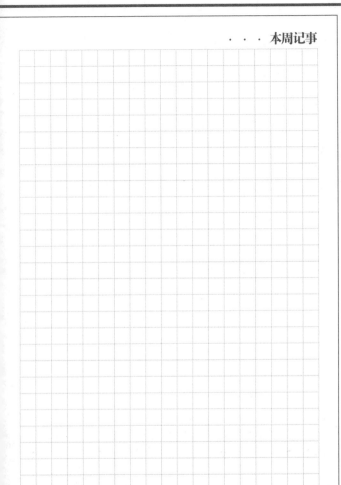

我心里一直暗暗设想，天堂应该是图书馆的模样。

—— 阿根廷作家博尔赫斯（Jorge Luis Borges）《关于天赐的诗》
（"Poems of Gifts"）

拾月 第四十三周　　　　　　　　　OCT 2024

星期一
21
十 九

星期二
22
二 十

星期三
23
廿 一　　　　　　　　　　　　　　　　　　霜降

星期四
24
廿 二

星期五
25
廿 三

星期六
26
廿 四

星期日
27
廿 五

阅读，如果是主动的，就是一种思考，而思考倾向于用语言表达出来——不管是用讲的还是写的。……将你的感想写下来，能帮助你记住作者的思想。

——〔美〕艾德勒、范多伦：《如何阅读一本书》，郝明义、朱衣译，北京：商务印书馆，2004 年，45-46 页

莫里哀在妮侬·德·朗克洛家朗读《伪君子》
（Molière Reading Tartuffe at Ninon de Lenclos's）
〔法〕蒙西奥（Nicolas André Monsiau, 1754—1837）

拾壹月

20
24

MON/ 一	TUE/ 二	WED/ 三
4 初四	5 初五	6 初六
11 十一	12 十二	13 十三
18 十八	19 十九	20 二十
25 廿五	26 廿六	27 廿七

THU/四	FRI/五	SAT/六	SUN/日
	1 十月	2 初二	3 初三
立冬	8 初八	9 初九	10 初十
	15 十五	16 十六	17 十七
	22 小雪	23 廿三	24 廿四
	29 廿九	30 三十	

星期一
28
廿 六

星期二
29
廿 七

星期三
30
廿 八

星期四
31
廿 九

星期五
1
十 月

星期六
2
初 二

星期日
3
初 三

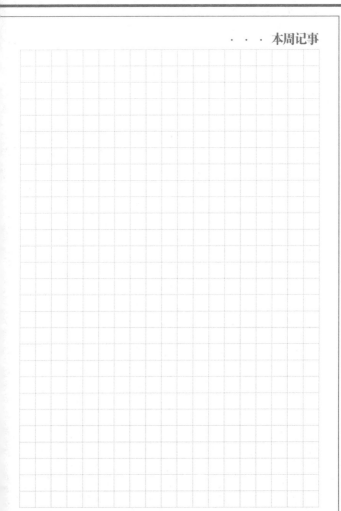

太阳普照大地，从不求任何回报。

——〔美〕富兰克林：《穷理查智慧书》，王正林、王权译，北京：
中国青年出版社，2013 年，39 页

拾壹月 第四十五周   NOV 2024

星期一
4
初 四

星期二
5
初 五

星期三
6
初 六

星期四
7
初 七   立冬

星期五
8
初 八

星期六
9
初 九

星期日
10
初 十

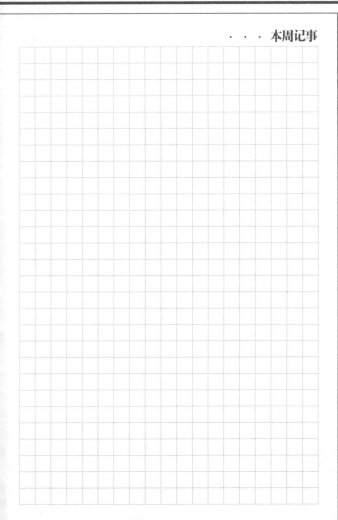

待人有礼、给人建议以及赞美别人，都不需要你花钱，要舍得这样做。

——〔美〕富兰克林：《穷理查智慧书》，王正林、王权译，北京：中国青年出版社，2013 年，75 页

星期一

11

十 一

星期二

12

十 二

星期三

13

十 三

星期四

14

十 四

星期五

15

十 五

星期六

16

十 六

星期日

17

十 七

阅读使人充实，讨论使人灵敏，笔记使人精确。

——〔英〕弗朗西斯·培根：《培根随笔全集》，蒲隆译，上海：上海译文出版社，2012年，189页

星期一
18
十 八

星期二
19
十 九

星期三
20
二 十

星期四
21
廿 一

星期五
22
廿 二　　　　　　　　　　　　　　　　　　　小雪

星期六
23
廿 三

星期日
24
廿 四

当书本给我讲到闻所未闻，见所未见的人物、感情、思想和态度时，似乎是每一本书都在我面前打开了一扇窗户，让我看到一个不可思议的新世界。

——〔苏〕高尔基著；〔苏〕巴拉巴诺维奇等编：《高尔基论青年》，孟昌译，中国青年出版社，1956年，243页

岩壑清晖（册）·梅园读书

〔明〕佚名

本幅为明人画《岩壑清晖》册中的一幅，取材于北宋诗人林逋（和靖）
与梅妻鹤子的故事。

拾貳月

20
24

MON/ 一	TUE/ 二	WED/ 三
2 初二	3 初三	4 初四
9 初九	10 初十	11 十一
16 十六	17 十七	18 十八
23 | 30 廿三 | 三十	24 | 31 廿四 | 十二月	25 圣诞节

THU/四	FRI/五	SAT/六	SUN/日
			1 十一月
	6 大雪	7 初七	8 初八
	13 十三	14 十四	15 十五
	20 二十	21 冬至	22 廿二
	27 廿七	28 廿八	29 廿九

星期一
25
廿 五

星期二
26
廿 六

星期三
27
廿 七

星期四
28
廿 八

星期五
29
廿 九

星期六
30
三 十

星期日
1
十一月

对上级谦恭是职责，对平辈谦恭是礼貌，对下级谦恭是高尚。

——〔美〕富兰克林：《穷理查智慧书》，王正林、王权译，北京：中国青年出版社，2013 年，38 页

星期一

2

初　二

星期二

3

初　三

星期三

4

初　四

星期四

5

初　五

星期五

6

初　六　　　　　　　　　　　　　　　　　大雪

星期六

7

初　七

星期日

8

初　八

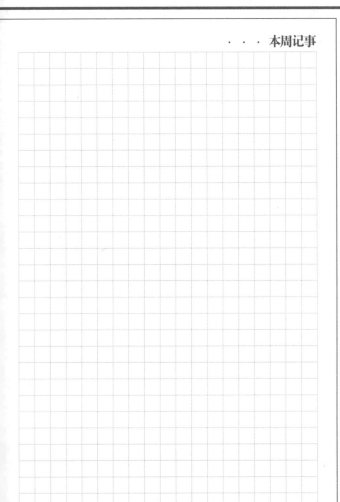

王曰："此鸟不飞则已，一飞冲天；不鸣则已，一鸣惊人。"

——〔汉〕司马迁：《史记·滑稽列传》，韩兆琦主译，中华书局，2008 年，2448 页

拾貳月

星期一
9
初　九

星期二
10
初　十

星期三
11
十　一

星期四
12
十　二

星期五
13
十　三

星期六
14
十　四

星期日
15
十　五

遍读好书，有如走访著书的前代高贤，同他们促膝谈心，而且是一种精湛的交谈，古人向我们谈出的只是他们最精粹的思想。

——〔法〕笛卡尔：《谈谈方法·第一部分》，王太庆译，北京：商务印书馆，2011年，见"微信读书"该书电子版

星期一
16
十 六

星期二
17
十 七

星期三
18
十 八

星期四
19
十 九

星期五
20
二 十

星期六
21
廿 一   冬至

星期日
22
廿 二

读书者不贱，守田者不饥，积德者不倾，择交者不败。

——〔清〕张英：《聪训斋语·卷一》，见：张英、张廷玉《聪训斋语·澄怀园语：父子宰相家训》合刊本，江小角、陈玉莲点注，合肥：安徽大学出版社，2013年，31页

星期一
23
廿 三

星期二
24
廿 四

星期三
25
廿 五　　　　　　　　　　　　　　　　　圣诞节

星期四
26
廿 六

星期五
27
廿 七

星期六
28
廿 八

星期日
29
廿 九

传记是有启发性的。那是生命的故事，通常是成功者一生的故事——
也可以当作我们生活的指引。

——〔美〕艾德勒、范多伦：《如何阅读一本书》，郝明义、朱衣译，
北京：商务印书馆，2004年，216页

拾贰月 第五十三周

星期一
30
三 十

星期二
31
十二月

星期三

星期四

星期五

星期六

星期日

本周记事

亲爱的读者，我祝您健康、幸福、富足，一年更比一年好。

——〔美〕富兰克林：《穷理查智慧书》，王正林、王权译，北京：
中国青年出版社，2013 年，39 页

MON/ 一	TUE/ 二	WED/ 三
		1 元旦
6 初七	**7** 腊八节	**8** 初九
13 十四	**14** 十五	**15** 十六
20 大寒	**21** 廿二	**22** 廿三
27 廿八	**28** 除夕 福	**29** 春节 金蛇贺岁

THU/四	FRI/五	SAT/六	SUN/日
三	3 初四	4 初五	5 小寒
	10 十一	11 十二	12 十三
	17 十八	18 十九	19 二十
	24 廿五	25 廿六	26 廿七
	31 初三		

打卡管理任务　↓表头可填不同的任务名称，每次打卡，可记录时间或特殊情况。

次数	阅读	锻炼				
1						
2						
3						
4						
5						
6						
7						
8						
9						
10						
11						
12						
13						
14						
15						
16						
17						
18						

次数					
19/1					
20/2					
21/3					
22/4					
23/5					
24/6					
25/7					
26/8					
27/9					
28/10					
29/11					
30/12					
31/13					
32/14					
33/15					
34/16					
35/17					
36/18					

旅行·出差须带物品清单

"伸手要钱":	身份证（护照）	手机	钥匙	钱包	车（机）票	
衣　　服：	正装	休闲装	睡（内）衣	袜子	皮（运动）鞋	
配　　件：	帽子	围巾	发饰	项链		梳子
洗　　漱：	毛巾	牙刷（膏）	剃须刀	洗面奶	护发素	
护肤品：	护肤水	面霜	眼霜	防晒霜	面膜	香水
化妆品：	粉底液	粉饼	眼影	口红（唇膏）	眉笔	
眼　　镜：	眼镜盒	隐形眼镜	护理液	墨镜		
电子产品：	电脑	电源线	鼠标	U盘	充电宝	各种充电线
药　　品：	感冒药	创口贴	过敏药	退烧药	糖块	
卫　　生：	湿纸巾	手帕纸	卫生纸	酒精湿巾	口罩	
书式生活：	书	记录本	笔	保温杯	茶（咖啡）	
旅　　途：	耳机	耳塞	U型枕	眼罩	伞	

欢迎来图书馆旅行，盖章打卡